毛毛虫住在一个漂亮的花园里。她每天无忧无虑地生活着。有一天，她看到了在天上飞舞的小蝴蝶，她觉得很羡慕。她向好朋友小瓢虫说出了自己的心声。小蝴蝶也听到了她们的对话，并对毛毛虫说只要她好好吃饭，好好睡觉，以后她也会实现梦想。从那以后，毛毛虫就照着小蝴蝶的话做了。过了一段时间，毛毛虫终于变成了美丽的蝴蝶。她与小瓢虫终于可以在天上自由自在地玩耍了。

美丽的蝴蝶

何文楠／文　何文栋／图

应急管理出版社
·北京·

在一个漂亮的花园里，住着许多许多的昆虫。

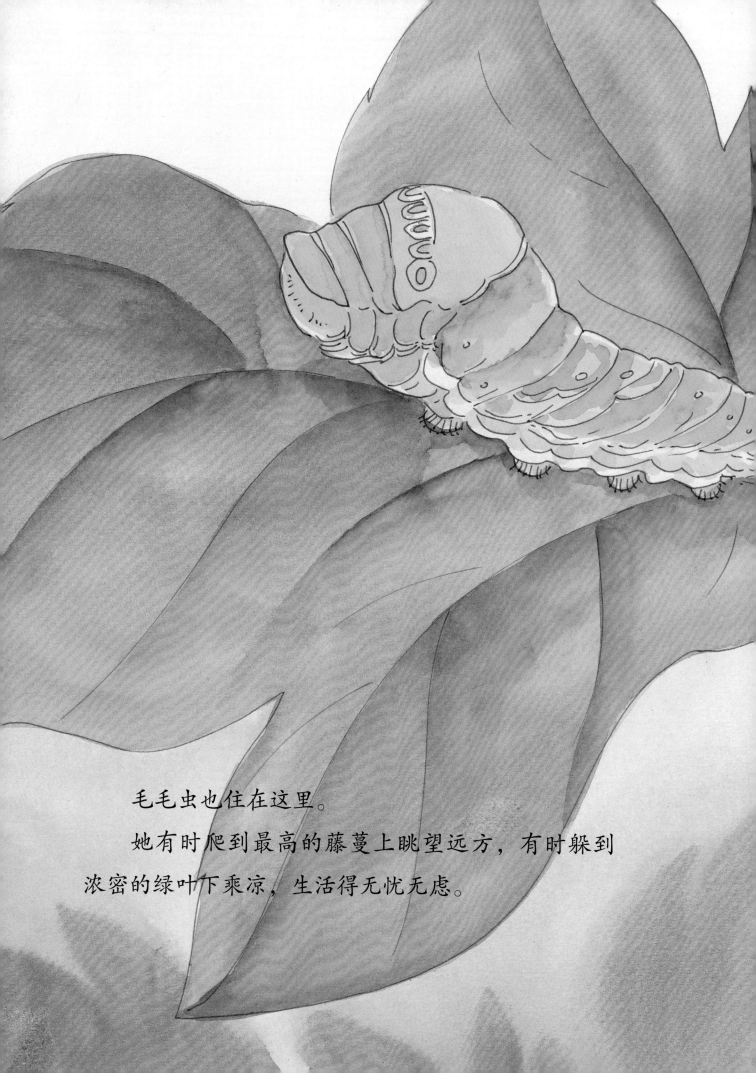

毛毛虫也住在这里。

她有时爬到最高的藤蔓上眺望远方，有时躲到浓密的绿叶下乘凉，生活得无忧无虑。

　　有一天，毛毛虫看到了在空中飞舞的小蝴蝶，她觉得很羡慕。她看着自己胖胖的身体，只能慢吞吞地爬行。

　　于是，叹着气，她对好朋友小瓢虫说："唉，我也想像小蝴蝶那样在空中翩翩起舞。即使不能翩翩起舞，能像你一样有一双翅膀也行啊！"

　　小瓢虫看她这么苦恼，赶忙安慰她："毛毛虫，你别难过。你看，我虽然有翅膀，但我更喜欢和你一起爬来爬去呀！"

　　可毛毛虫还是闷闷不乐地唉声叹气。

小蝴蝶听到了她们的对话，飞过来说道："只要你每天都吃得饱饱的，喝得足足的，再睡得美美的，让自己快快长大，你很快就可以实现梦想。"

毛毛虫听了小蝴蝶的话高兴极了，对自己充满了信心。

从这天开始，毛毛虫饿了就吃菜叶，渴了就喝露水，困了倒头就睡，慢慢地越长越大。

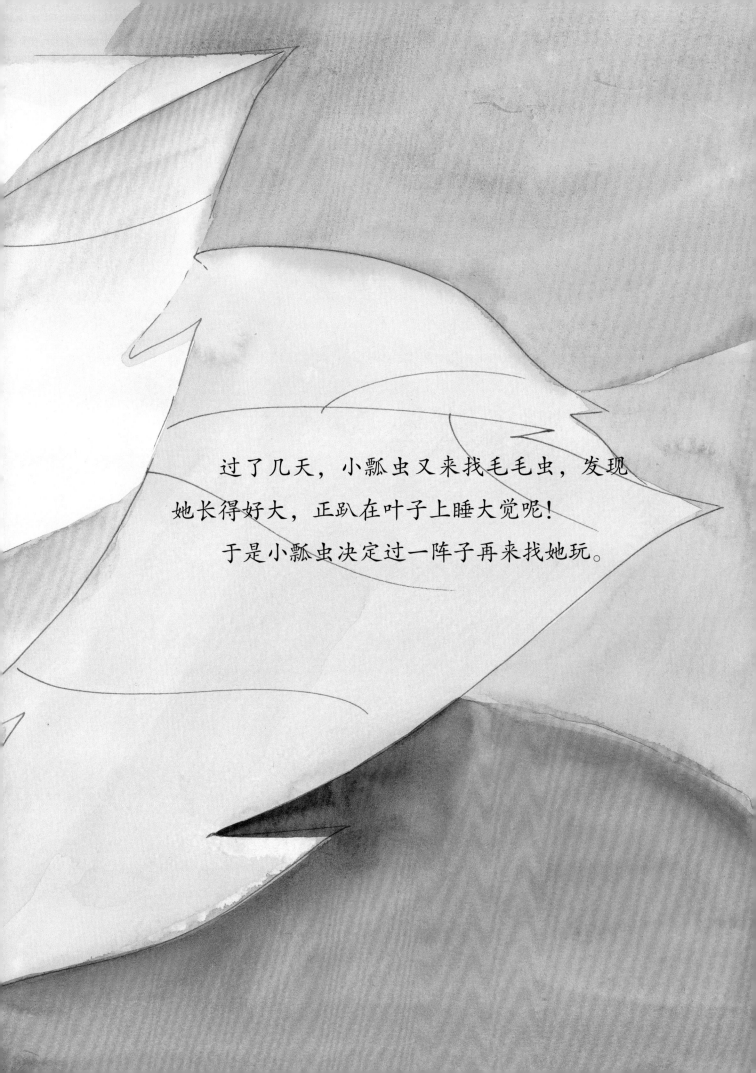

过了几天，小瓢虫又来找毛毛虫，发现
她长得好大，正趴在叶子上睡大觉呢！
于是小瓢虫决定过一阵子再来找她玩。

过了一阵子，小瓢虫又来找毛毛虫，却发现毛毛虫被一层厚厚的茧紧紧地包裹起来。

　　小瓢虫大声地喊着毛毛虫，可是毛毛虫却不回答，小瓢虫只能无奈地离开了。

又过了几天，小瓢虫又来了，可是却没有找到
毛毛虫。毛毛虫的茧里空空的。

小瓢虫这下可着急坏了，扯着嗓子喊起来：
"毛毛虫……毛毛虫……你在哪儿呀？"

　　就在小瓢虫哭着寻找毛毛虫的时候，一只美丽的蝴蝶飞了过来。

　　小瓢虫问她："你好，请问你有没有看到一只胖胖的毛毛虫？她是我的好朋友。"

　　蝴蝶开心地笑了起来："哈哈哈，小瓢虫，我就是那只毛毛虫呀，怎么，你不认识我了吗？"

小瓢虫眨了眨眼睛，不明白究竟发生了什么事情。

　　蝴蝶扑扇了几下美丽的翅膀，继续说道："我在茧房子里睡了好几天，醒来后就发现自己变成现在的样子了！"

　　小瓢虫惊呆了。天呐！毛毛虫真的变成了美丽的蝴蝶！真是太神奇了！

　　蝴蝶在小瓢虫的面前飞了起来，轻盈地转了一圈，在阳光下翩翩起舞。

　　小瓢虫也跟着她一起飞了起来，这对好朋友终于可以一起在空中自由自在地玩耍啦！

图书在版编目（CIP）数据

美丽的蝴蝶／何文楠文；何文栋图．－－北京：应急
管理出版社，2022

ISBN 978－7－5020－9268－9

Ⅰ.①美… Ⅱ.①何… ②何… Ⅲ.①蝶—儿童读物
Ⅳ.①Q964－49

中国版本图书馆 CIP 数据核字（2022）第 039137 号

美丽的蝴蝶

文　　字	何文楠
图　　画	何文栋
责任编辑	刘新建
封面设计	成达轩

出版发行　应急管理出版社（北京市朝阳区芍药居 35 号　100029）
电　　话　010－84657898（总编室）　010－84657880（读者服务部）
网　　址　www.cciph.com.cn
印　　刷　炫彩（天津）印刷有限责任公司
经　　销　全国新华书店

开　　本　889mm×1194mm$^1/_{16}$　印张　2　字数　20 千字
版　　次　2022 年 4 月第 1 版　2022 年 4 月第 1 次印刷
社内编号　20220260　　　　　　定价　39.80 元